Francis M. Balfour

Über den Einfluss des Mondes auf die Fieber

Über den Einfluss der progressiven

Francis M. Balfour

Über den Einfluss des Mondes auf die Fieber

ISBN/EAN: 9783744601412

Hergestellt in Europa, USA, Kanada, Australien, Japan

Cover: Foto ©berggeist007 / pixelio.de

Weitere Bücher finden Sie auf **www.hansebooks.com**

Ueber den
Einfluß des Mondes
auf die
Fieber.
Von
Herrn Franz Balfour,
ausübender Arzt zu Calcutta.

Aus dem Englischen übersetzt
von
G. T. W.
Mit einer Vorrede von
Herrn Lauth,
der Arzneygelahrtheit Doktor, der Anatomie
und Chirurgie ordentlichen öffentlichen Lehrer
auf der Universität zu Strasburg.

Strasburg,
im Verlage der akademischen Buchhandlung,
1786.

Vorrede.

Man hat beynahe in allen Zeiten wahrgenommen, daß verschiedene Krankheiten
mit dem wachsenden und abnehmenden
Monde sich zuverläßig verändern. Sinn-
lose haben um die Zeit des Vollmondes
ärgere Anfälle, weßwegen sie auch Mond-
süchtige genannt werden; viele krampf-
hafte Krankheiten, widernatürliche Ausleerungen, Blutflüsse vorzüglich, kehren
monatlich, oder vierzehntägig wieder; sehr
oft steigen und fallen epidemische Krankheiten mit dem Monde. Beyspiele hievon
hat Mead a) von Hippokrates an bis zu
Anfang dieses Jahrhunderts aus andern

a) Treatise concerning the influence of the sun
and Moon upon human bodies and the dif-
eases thereby produced, in his Medical Works.
Edinb. 1775. 8. p. 113. sq.

a

gesammlet, und eigene hinzugesetzt; viele
ähnliche findet man in den Ephemeridibus
naturæ curioforum &c.

Dem ungeachtet haben die angeführten
Beobachtungen der Wissenschaft keinen Nutzen gebracht, sondern eher geschadet; so
sehr hat man sie mißbraucht. Weil man
nicht wußte, wie der Mond diese Würkungen hervorbrachte, folglich nicht beurthei-
len konnte, auf welche Dinge der Einfluß
desselben sich möglicher Weise erstrecken
könnte; weil Liebe zum Wunderbaren von
jeher eine Krankheit des menschlichen Ge-
hirns gewesen; und weil bald einzusehn
war, wie viele moralische und politische
Vortheile aus dem Wahn zu ziehen seyen,
daß der verschiedene Stand der Gestirne
dazu diene künftige Begebenheiten vorher
zu sagen: so ist eine wahre und natürliche
Astrologie (Astrologia naturalis) in der
aberglaubischen (Astr. judiciaria) so sehr ver-
steckt, davon verunstaltet, und überwogen
worden, daß in gewissen Zeitaltern der vernünftige und heller sehende Theil der Men-

schen, der Ansteckung nicht ganz entgangen, und alles vereitelt worden ist, was sichere Erfahrungen hätten lehren können.

Erst seitdem Newtons erhabene Weisheit die physische Astronomie gegründet, wurde auch uns das Feld gewiesen, wo wir die Quelle suchen sollten, durch welche so manche Veränderung unserm Körper zufließt. Daher wissen wir nun: daß der Mond unsern Luftkreis anzieht, und mit ihm das bewegliche Meer; und daß letztere deutlich in die Augen fallende und zu allen Zeiten bekannte Erscheinung nur ein Theil derjenigen Würkung seye, welche der Luftkreis in dem Maaße stärker leidet, als seine Dichtigkeit und Entfernung vom Monde geringer sind. Daß auch die Sonne eine Ebbe und Fluth in der Luft erregt, die aber natürlicher Weise um so viel kleiner ist, als wegen der großen Entfernung die anziehende Kraft der Sonne kleiner gegen die Erde ist, als diejenige, welche vom Mond abhängt. Daß diese Luftbewegungen größer sind, wenn die Kräfte

der Sonne und des Mondes zugleich auf
den nämlichen Ort würken, kleiner wenn
sie einander entgegen gesetzt sind. Daß sie
ferner verschieden sind, wenn Sonne und
Mond uns näher oder entfernter sind, gra=
de oder schief stehen.

Indem nun die Luft durch diese Ursa=
chen angezogen, dünner wird, drückt sie
weniger auf die Oberfläche unsers Körpers
und widersteht der in uns befindlichen Luft
auch weniger; diese dehnt demnach die Thei=
le aus, in welchen sie enthalten ist, und er=
regt folglich manche Zufälle. So erklärt
Mead nach Newtonischen Grundsätzen den
Einfluß der Sonne und des Monds auf
uns. Dieß allein aber ist bey weitem nicht,
hinlänglich uns in Beobachtung, Vorher=
sagung und Kur der Krankheiten nur mit
erträglicher Gewißheit zu leiten, da eine
Menge anderer Ursachen jene Würkung
heben, oder doch stören können.

Vornehmlich werden zu diesem End=
zwecke genaue Witterungs = Beobachtun=
gen erfodert, die auf eine doppelte Art

anzustellen sind. Sie müssen theils astro-
nomisch, theils physisch im eigentlichen Ver-
stande seyn. Krazenstein *b*) versichert,
man würde die Witterung, wie Sonn-
und Mondsfinsternisse voraus bestimmen
können, wenn man alle jährliche Veränderungen der Sonne und des Monds in
eine gewisse Ordnung brächte. Zuverläßig
ist dieselbe bestimmten Gesetzen unterworfen, wie wenig es der öfteren und schleu-
nigen Veränderung wegen bisher geschie-
nen hat, und unstreitig gründen sich diese
Gesetze auf die in unserm Sonnensystem
natürlich statt habende Bewegungen. Ihre
Würkung aber muß nothwendiger Weise
durch die eigene Beschaffenheit unserer Erde,
die Höhe und Tiefe ihrer Oberfläche, Nähe
oder Entfernung von Wassern, chemische
Mischung des Bodens u. s. f. modificirt
werden. Hiedurch bekommt die Witterung
eines jeden Landes ihren eigenthümlichen

b) Abhandlung von dem Einflusse des Mondes in
die Witterungen, und in den menschlichen Körper. 8. Halle 1747. S. 48.

Charakter, den keine schon festgesetzte Gründe, sondern eine Reihe Beobachtungen bestimmen müssen, die mit grösster Sorgfalt über alle physischen Eigenschaften der Luft, ihre Schwere, Feuchtigkeit, Wärme, Bewegung, Elektricität, Erscheinungen, angestellt werden.

Letztere Untersuchung ist daher billig nunmehr ein Hauptgegenstand der vereinigten Bemühungen gelehrter Gesellschaften und einzelner Naturkündiger geworden. So hat die Preisfrage der Akademie zu Brüssel Gelegenheit zu Hrn. Retz c) schätzbarer Abhandlung gegeben. Und so ist jezo die königliche Gesellschaft der Aerzte in Paris d) bemüht topographische Beschreibun-

c) Météorogie appliquée à la Médecine & à l'Agriculture, ouvrage qui a remporté le prix en 1778 fur le fujet: Décrire la température des faifons aux Pays-Bas &c. Paris 1778; und mit einem neuen Titel von 1784, ohne andere Aenderung.

d) Hiftoire de la S. R. de Médecine, avec les Mémoires &c. Années 1776—81. 4. Paris 1779—85. T. I—IV.

gen der Gegenden in Frankreich einzusam
meln. Den ganzen Umfang der Witte
rungslehre, in so fern sie sich auf Beobach
tungen, die täglich vom Wetter anzustellen
sind, gründet, bearbeitet schon lange der
fürtrefliche P. Cotte, und hat seine Erfah
rungen sowohl der Königl. Gesellschaft der
Wissenschaften in besondern Abhandlungen,
als auch dem Publikum in einem eigenen
Werke e) mitgetheilt, in welchem er aus
führlich die Werkzeuge beschreibt, die zur
Behandlung jedes Theils dieser Lehre er
fodert werden.

Beyde Wege eine vollkommene Kennt
niß hierinn zu erlangen, betrat der berühmte
Toaldo f); er verband die tägliche Ver
änderungen im Lauf der Sonne und des
Monds in Ansehung unserer Erde, mit dem
Wechsel der Witterung, und schloß auf

e) Traité de Météorogie &c. 4. Paris 1774 c. s.
f) Essai météorologique sur la véritable influence des Astres, des Saisons & Changements
de Tems; nouv. Edit. trad. de l'italien par
J. *Daquin.* 4. Chambery 1784.

künftig davon abhangende Begebenheiten;
unter anderen auch in Bezug auf Arzney-
kunde. Die Gründlichkeit dieser Methode
bestätigte sich nachgehends *g*) durch die Erfahrungen des Hrn. Bertholon *h*).

Diesen doppelten Gesichtspunkt muß sich
also der Arzt vorsetzen, der den Einfluß
einsehn will, welchen unser gesunde und
kranke Zustand von der Luft empfängt.

Man könnte daraus vermuthen, daß
ein Arzt nothwendiger Weise tiefe Einsich-
ten in die Sternkunde haben müsse, um die
erforderten Beobachtungen machen zu können. Allerdings muß er Kenntnisse in dieser Wissenschaft haben, nicht aber um selbst
den Lauf des Mondes zu beobachten und
zu berechnen, sondern die von den Astro-
nomen gemachte Wahrnehmungen zu ver-
stehn, welches doch würklich schon mehr erfodert, als was man gemeiniglich unter

g) Die italienische erste Ausgabe von Toaldo ist
  von 1770.
h) De l'Electricité du Corps humain. Lyon.
  1780. 8.

Anfangsgründen begreift. Die in verschiedenen Ländern jährlich gedruckten astrono-
mischen Kalender i) zeigen den Stand der
Gestirne für jeden Tag an, aus diesem können die Veränderungen abgenommen werden, die täglich in dem Luftkreis vorgehn
müssen.

Beschwerlicher sind die Wetterbeobach-
tungen zu machen. Es kann freylich ein
praktischer Arzt diese nicht leicht in der
Vollkommenheit nachahmen, in der Toaldo
und Cotte sie anzustellen pflegen; doch kann
wohl jeder ohne große Kosten und Zeitver-
lust täglich den Stand seines Barometers,
Thermometers, Hygrometers, die Richtung
der Winde, und den Zustand des Himmels
aufzeichnen, und nach und nach die besondere Lage seines Aufenthalts in Ansehung
der Gebürge, Flüsse u. s. f. erkennen.

Die Schrift, deren Uebersetzung die aka-
demische Buchhandlung besorgt hat, und

---

i) Connoissance des Tems. 8. Paris. — Epheme-
riden, oder astronomisches Jahrbuch ꝛc. von
der Acad. zu Berlin. gr. 8. u. s. f.

hiermit dem Publikum überliefert, könnte scheinen ein Gegenbeyspiel abzugeben von dem was ich eben empfohlen habe, da der Hr. Verf. blos von den Mondsverände-rungen so augenscheinliche Würkungen be-merkt hat, ohne der Witterung anders zu erwehnen, als daß der Himmel beständig helle ist. Weil aber dieser mächtige Ein-fluß sonst noch nirgends wahrgenommen worden, so müssen eben darum andere Kräfte ihn zu schwächen und zu stärken ver-mögen. Der Titel der Urschrift heißt: A Treatise on the Influence of the Moon in Fevers, by Fr. *Balfour* M. Dr. Calcutta: Printed. 1784. Edinburgh, reprinted by the desire and Recommendation of W. *Cullen* M. Dr. &c. 1785. 59 Seiten in gr. 8.

Vorrede des Verfassers.

Die Wirkung der Himmelskörper auf den Menschen ist weder der Aufmerksamkeit der Alten noch der Neuern entgangen; allein ihre Bemerkungen haben kein System oder keine Regel von zuverläßigem und ausgebreitetem Nutzen in der Ausübung der Arzneykunst eingeführt. Den ersten fehlte die Einsicht unserer Zeiten in die Physik und Astronomie; und die trüben und unbeständigen Himmelsstriche haben, wie es scheint, den letztern die unwandelbare und einförmige Folge gleicher Er-

ſcheinungen verſagt, welches doch zu
Einprägung des Begriffes von einem
allgemeinen Geſetze erforderlich iſt.

Ein mehr als vierzehnjähriger
Aufenthalt in einem Lande, wo in
acht Monaten unter zwölfen kaum
ein Tropfen Regen fällt, oder eine
Wolke den Himmel trübt, und wo
ſich der Einfluß des Mondes in einem
ungewöhnlichen Grade zeiget, hat
mir Gelegenheit gegeben dieſe Wir=
kung in ſo zahlreichen Fällen, und
mit ſo weniger Abänderung zu be=
merken, daß ich die Richtigkeit dieſes
Grundſatzes, durch eine vieljährige
Erfahrung beſtätiget gefunden, und
mich in der Praxis bey jeder Gelegen=
heit nach ihm gerichtet habe.

In gegenwärtiger Abhandlung
habe ich meine Bemerkungen auf fol=
gende Sätze, in Betreff der Fieber
eingeſchränkt:

Erſtlich: In Bengalen haben die Mondesveränderungen eine merkwür=dige und verwandte Wirkung auf die Fieber jeder Art.

Zweytens: Um in Bengalen Fie=ber zu heilen und ihnen vorzukom=men, iſt die beſondere und unausge=ſetzte Aufmerkſamkeit auf den Mon=deswechſel eine äußerſt wichtige Sache.

Drittens: Die Wirkung des Mondes auf die Fieber iſt in jeder be=wohnten Gegend der Erdkugel gleich=artig; folglich iſt eine gleiche Auf=merkſamkeit auf denſelben eine Sache von allgemeiner Wichtigkeit in der ausübenden Arzeneykunſt.

Viertens: Die ganze Lehre von der Fieberkriſis läßt ſich aus den Vor=derſätzen erklären, welche ich in Hin=ſicht dieſer Krankheiten zur Zeit des vollen und abnehmenden Mondes, zum Grunde gelegt habe.

Keine Materie in der Arzeney=
kunde hat größere Uneinigkeit veran=
laßet, als die Lehre von den Fiebern;
und keine ist wichtiger, wenn man
bedenkt, wie gangbar und gefährlich
sie sind. Falls ich also in dieser Ab=
handlung eine Vergleichslinie zwi=
schen gelehrten und scharfsinnigen
Männern von mißhelligen Meynun=
gen getroffen, oder falls ich zu Ent=
faltung eines Grundsatzes beygetra=
gen habe, durch welche die Irrthümer
der Alten verworfen, und die beglückte
Praxis neuerer Zeiten auf ein System
gegründet wird, das haltbar und er=
weislich ist, so werde ich mich vorzüg=
lich glücklich schätzen.

Von

Von der
Wirkung des Mondes
auf die Fieber.

Erster Satz.

In Bengalen *) haben die Mondesveränderungen eine merkwürdige und
verwandte Wirkung auf die Fieber
jeder Art.

Das in diesem Lande gangbarste Fieber,
ist ein kaltes oder völlig nachlassendes Gallenfieber, welches sich meistentheils unter

*) Unter Bengalen begreife ich die Besitzungen der
Compagnie in dieser indischen Gegend, nebst
dem Gebiete des Viziers.

der Gestalt eines dreytägigen oder alltä
gigen, und selten eines viertägigen zeigt.
Allein ich habe unter jeder Gestalt, die
es annahm, fast unabänderlich wahrgenommen, daß sein erster Anfall in dem
einen, der drey Tage geschiehet, welche
vor dem Vollmonde unmittelbar hergehen,
oder in einem der gleich darauf folgenden
drey Tage; oder auch in einem der drey
Tage vor und nach dem Neumonde. Ich
habe diese merkwürdige Verwandtschaft,
welche wenigstens drey volle Tage vor
und nach dem vollen und neuen Monden
offenbar statt hat, und also wenigstens
sechs volle Tage, bey dem einen wie bey
dem andern, dauert, beobachtet. Meine
Meynung überhaupt ist, daß die Tage des
vollen und neuen Mondes wirkender als
die andern, und die, welche auf den vollen und neuen Mond folgen, wirkender als
die vorausgehenden sind. Doch meine Beobachtungen über diesen Punkt verstatten
mir nicht mit Zuverläßigkeit davon zu spre-
chen; ich werde also, wenn ich des vol-

len und neuen Mondes erwähne, die sechs
schon beschriebenen Tage bey jedem dieser
Zeitläufe darunter begreifen, ohne Rücksicht auf einen insonderheit. In Betreff
dieser beyden Fristen kann ich nicht bestimmt sagen, welche von ihnen zu Erzeugung des Fiebers die meiste Macht hat.

Der volle und neue Mond ist eben so
merkwürdig wegen der Rückfälle, die er
veranlaßet, als wegen der ersten Anfälle
des Gallenfiebers, die er erregt. Dieses ist
eine so völlig ausgemachte Thatsache, daß
es wenige Europäer giebt, die sich in diesem Lande einige Zeit aufgehalten haben,
welche nicht, entweder durch persönliche
Erfahrung, oder durch die täglichen Beweise, die ihnen in dem Zirkel ihrer Bekannten vorkommen, hinlänglich davon un-
terrichtet wären. Allein einem Manne,
der auch nur mit der geringsten Aufmerksamkeit die Arzeneykunst einige Monate
treibt, kann sie unmöglich verborgen bleiben. Ich, meines Theils, habe seit vierzehn Jahren diese Neigung zu Rückfällen

zur Zeit des vollen und neuen Mondes
unwandelbar bemerket; und bin in beson=
deren Fällen im Stande, die Wiederkunft
des Fiebers zu diesen Fristen fast eben so
zuverläßig zu prophezeihen, als ich den
Mondeswechsel selbst vorhersagen kann.

Die einzelnen Beyspiele, welche in der
gemeinen Praxis vorkommen, und auf die
man nicht gehörig achtet, oder sie nicht
sammelt, sind vielleicht zuweilen nicht hin=
länglich, um die Wahrheit dieser allge=
meinen Beobachtung einzuprägen; allein,
wenn an einem Orte viele Patienten sind,
und sich vielfältige übereinstimmende Pro=
ben zu einerley Zeit wiederholt zeigen, so
erfolgt die Ueberzeugung allmählich, und
jeder Zweifel weichet.

Ich hatte von 1773 bis 1774 viele
Monate hindurch die Besorgung eines Re=
giments von Sapoys, in der Provinz Cooch
Behar, gerade unter der großen Kette von
Bergen, welche Bengalens nördliche Ge=
genden von Boutan scheiden. Fieber, und
mit Fieber verbundene Durchfälle waren

die Hauptkrankheiten, von denen im ersten
Monate über vierhundert Mann angefal-
len wurden. Doch wurden die meisten
derselben des Fiebers innerhalb den acht
Tagen los, welche zwischen dem vollen und
neuen Monde einfielen, und verminderten
sich durch Hilfe der Arzeney bis auf sieben-
zig oder achtzig. Allein die übrigen Monate unsers Aufenthalts in diesem Lande,
verdoppelte sich diese Zahl der Patienten
mit jedem vollen und neuen Monde beständig; und eben so beständig verminderte sie
sich wieder während den acht Tagen zwischen diesen beyden Zeitläufen, bis auf ihre
vorige Zahl. Diese zwischenfallenden Tage
will ich künftig die Intervallen nennen.

Ich will zwar jezt die vorzügliche Einwirkung des vollen und neuen Mondes
auf die Erzeugung der Gallenfieber er-
weisen; allein zu gleicher Zeit muß ich
auch zugeben, daß die Intervalle weder
von den ersten Anfällen, noch von den
Zurückfällen frey sind. Doch ereignen
sich die lezten um diese Zeit weit seltener;

und wenn sie vorkommen, so ertheilen sie
Beweise zu Behauptung des Satzes, den
wir jezt darzuthun suchen wollen: denn
die Anfälle sind zu der Zeit weniger heftig,
von kürzerer Dauer, und geben der Arze=
ney weit leichter nach, als jene, welche
während dem vollen und neuen Monde
eintreten; und die Annäherung dieser
zwey Fristen vermehrt die Heftigkeit der
vorhandenen Krankheiten eben so sicher,
als die Ankunft der Intervallen eine merk=
liche Abnahme der Zufälle, oder gar eine
völlige Auflösung des Fiebers mit sich
bringt.

Auch die hitzigen remittirenden Fieber,
welche ich hier zu Lande angetroffen habe,
waren entweder schlechtweg gallicht, oder
fauler Art, z. B. das von Doktor J. Lind
beschriebene bengalische Pucca=Fieber; oder
andere von der nemlichen Art, die in ihrem
Fortgange minder heftig, den Faulfiebern
ähnlich sind, welche Sir John Pringle
geschildert hat. Dazu muß ich etliche
Fluß = und Nervenfieber, ingleichen das

Fieber fügen, das mit dem Ausbruche der Blattern vergesellschaftet ist.

Die Gallenfieber betreffend, man mag entweder auf die eigene Zeit ihrer Anfälle und Zurückfälle, auf die Heftigkeit und Dauer des Paroxismus, und auf seine Neigung zum Nachlassen, oder auf die verschiedene Veränderung sehen, die bey ihrem Uebergange vom vollen und neuen Monde zu den Intervallen statt findet; so ist die Einwirkung des Mondes zu diesen Fristen bey ihnen eben so merklich als bey den Wechselfiebern.

Die Inaugural-Disputation des Doktor Jakob Lind über das Faulfieber, durch welche meine Aufmerksamkeit auf diese Materie zuerst rege geworden ist, enthält viele Beweise von dem Einflusse des vollen und neuen Mondes auf diese Krankheit. Zu ihnen kann ich nun meine eigene Erfahrung und die Beystimmung vieler anderer Aerzte fügen, welche in Calcutta practicirt haben.

In den wenigen Faulfiebern, die ich anderwärts gesehen habe, und in ebenfalls

wenigen Fluß = und Nervenfiebern, äuſ=
ſerte ſich die Einwirkung des vollen und
neuen Mondes jedesmal unausbleiblich
und merklich; und in jedem Falle, bey
welchem ich Gelegenheit hatte Beobachtun=
gen zu machen, habe ich geſehen, daß ſie
ſich in demjenigen Fieber nachdrücklich
zeigte, mit welchem der Ausbruch der Po=
cken behaftet iſt.

Allein, dieſe Beobachtungen ſchränken
ſich nicht auf kalte und hitzige Fieber ein.
Kopf = und Zahnſchmerzen, Augenentzün=
dungen, Athembeſchwerung, Schmerzen
und Aufſchwellen der Leber und Milz,
Durchfälle, Krämpfe, Verſtopfungen in
den Eingeweiden, Beſchwerden in den
Harngängen, Ausſchläge von allerley Art,
und viele andere mehr, die ſonſt bey einem
gemeinen Fieber nicht wahrgenommen zu
werden pflegen, nehmen oft die Geſtalt
eines Wechſelfiebers an; und treten mit
dem vollen und neuen Monde gewöhnlich
wieder ein, oder werden ärger, da ſie hin=

gegen während den Intervallen verschwin-
den oder gelinder werden.

Ueberhaupt genommen, so weit als sich
meine Erfahrung erstreckt, tritt der Anfall
der kalten Fieber, während der Einwirkung des vollen Mondes, zu einigen Zeiten, zwischen 8. Uhr des Morgens, und
zwischen 6. Uhr des Abends, ein. Die
Ankunft des Paroxismus in allen Arten
hitziger Fieber, hält meist die nämliche Zeit;
und die Zeitfrist, da ihre Nachlassung
am vollständigsten zu seyn scheint, fällt
zwischen die dritte und achte Stunde des
Morgens.

Die Fieberanfälle finden sich freylich zu
jeder Stunde bey Tage und bey Nachte
ein; aber diese Bemerkung hält, glaube
ich, Stich, während dem vollen und neuen
Monde. *)

*) Ich zweifle nicht an der vorzüglichen Einwir-
   kung des Mondes in die Fieber zur Zeit der
   Tag = und Nachtgleichen; allein meine Beobachtungen sind nicht genau gewesen, und die Umgänge der Planeten öffnen ein Feld, dessen Er-
   forschung ich nicht versucht habe.

Aus obiger Zergliederung getrau ich
mir den Satz herzuleiten, mit dem ich
beym Eingange den Anfang gemacht habe.
Nun gehe ich weiter und zeige, daß, „um
in Bengalen Fieber zu heilen und ihnen
vorzukommen, die besondere und unausgesetzte Aufmerksamkeit auf den Mondeswechsel eine äußerst wichtige Sache
sey. „

Von der Wirkung des Mondes auf die Fieber.

Zweyter Satz.

Um in Bengalen Fieber zu heilen und ihnen vorzukommen, ist die besondere und unausgesetzte Aufmerksamkeit auf den Mondeswechsel eine äußerst wichtige Sache.

Eine umständliche Nachricht von meiner Praxis zu geben, gehört zwar nicht zu meiner gegenwärtigen Absicht, welche lediglich diese ist, daß ich einen einzelnen Grundsatz, nach welchem ich mich in derselben richte, anführen will: allein ich finde es doch vorläufig nothwendig, meine Gedanken über die Fieberrinde zu sagen.

Da ich 1769 und 1770 während der Jahrszeit practiciret hatte, in welcher das bengalische remittirende Fieber, insgemein

das Pucca=Fieber genannt, im Schwange
gieng, so ertheilte ich 1772 Pringle meine
Beobachtungen darüber. In dieser Ab=
handlung führte ich meine Praxis weit=
läufig an, und machte folgende Schlüsse,
zu deren Wiederruf ich seitdem keinen Grund
gehabt habe.

1) Daß die pulverisirte China *) ein siche=
res Heilmittel gegen das bengalische re=
mittirende Faulfieber sey, welches im
gemeinen Leben das Pucca=Fieber ge=
nennt wird.

2) Daß es keinen Zufall gebe, durch den
man sich, nach gehöriger Abführung
der Galle, von dem Gebrauche dersel=
ben abhalten lassen müsse.

3) Daß sie zu jeder Frist der Krankheit mit
Sicherheit gegeben werden möge, so
wohl bey der Remißion, als bey der
Exacerbation. **)

*) Auf das Dekokt ist sich nicht zu verlassen.
**) Dieß wird zur unumgänglichen Nöthwendig=
keit in dem Falle, wenn man zu spät herbeyge=

4) Daß man ihr, wenn sie der Magen nicht
behalten will, Opium beysetzen müsse,
wodurch der Magen sie in derjenigen
Menge vertragen kann, die zur Hemmung des Fiebers erfoderlich ist.

5) Daß man, um dem Magen eine hin-
längliche Menge beyzubringen, oder
um zu verhindern, daß sie nicht durch
den Stuhlgang zu früh wieder fortgehe,
Opium in mäßiger Gabe, *) während
jedem Zufalle, und bey jedem Zeitpunkte
der Krankheit, sowohl in der Remißion
als in der Exacerbation verordnen dürfe.

rufen wird; denn nach dem dritten oder vierten
Tage werden die Anfälle so verlängert, daß sie
mit einander zusammentreffen; und wer in diesem Falle auf eine völlige Nachlassung wartet,
der wird sich gewaltig betrogen sehen.

*) Das heißt, in einer so großen Gabe, als man
sie je verschreiben kann. Oft habe ich es nöthig
gefunden, in vier und zwanzig Stunden drey
Gran zu geben: und einmal war ich über fünf
Gran zu geben genöthigt. Ich fange mit einer
mäßigen Gabe an, die ich wiederhole oder grade nach Bedürfniß vergrößere.

6) Daß das wirkliche Pucca-Fieber, so weit
meine Erfahrung reicht, durch kein an-
deres Mittel als durch die China geheilt
wurde, nachdem der Patient drey re-
gelmäßige Anfälle erlitten hatte; und
daß es durch diese Arzeney leicht geheilt
wurde, auch nachdem sich schon Pete-
chien über den ganzen Leib gezeigt hatten.

Meine Nachricht an Pringle schloß ich
mit der Anmerkung, daß, ob zwar diese
Grundsätze mein Verfahren bey Heilung
des Pucca-Fiebers leiteten, ich doch nicht
dafür halte, sie für solche Regeln auszu-
geben, denen keine Ausnahme aufstoßen
könnte; daß mir aber nie eine vorgekommen
wäre, und daß ich jezt so unbekümmert nach
ihnen verführe, als wenn es gar keine geben könnte.

Was diese Gattung Faulfieber betrifft,
welche Sir John Pringle und andere euro-
päische Aerzte beschrieben haben, so habe ich
Ursach zu vermuthen, daß sie durch einen
frühen und häufigen Gebrauch der China zu
einer schleunigern Endschaft gebracht wer-

den können: auf alle Fälle aber bleibt mir
darüber kein Zweifel übrig, daß man sie
in jedem Zeitpunkte mit Sicherheit geben
könne; daß sie das Fieber hemme, und den
Fortgang der Fäulung verhindere, während daß man zu gleicher Zeit fortfährt,
die Eingeweide zu säubern, und den Körper mit einem frischen Vorrath von säuer-
lichen Nahrungsmitteln zu versehen.

Ich bin sehr geneigt zu glauben, daß
alle die Nervenfieber, die ich hier zu Lande
gesehen habe, weiter nichts waren, als
Faulfieber in einem schwächern Grade.
Doch überlasse ich die Prüfung dieses Ge-
dankens einer ferneren Erfahrung; und
will lediglich anmerken, daß ich die China
in allen dergleichen Fällen, eben so nützlich,
als schädlich stets befunden habe.

Von rheumatischen Fiebern habe ich in
meiner Praxis nur wenige Fälle gehabt;
aber in allen kehrte das Fieber mit neuen
Anfällen zurück; bey allen fand sich eine stär-
kere Absonderung der Galle; und sie alle

wurden durch Ausleerungen, und durch
die China, wie die übrigen intermittirenden Gallenfieber, geheilt.

Außer dem Pucca-Fieber, kommen in
Bengalen viele intermittirende und remittirende lediglich gallenartige Fieber vor, deren Heilung weiter nichts erfodert als zeiti-
ge und häufige Abführungen; und in dem
obern und gesündern Theile der Landschaft
zeigt sich das Pucca-Fieber sehr selten. Da
ich aber von dem Pucca-Fieber den Gedanken noch immer beybehielt, daß es, trotz
aller Abführung, den Kranken doch tödtet,
so ward ich dadurch oft zu einem unzeitigen
Gebrauche der Rinde verleitet, nachdem ich
Calcutta lange verlassen hatte, und in eine
Himmelsgegend gekommen war, wo die
Fieber weit weniger gefährlich sind. Wenn
aber ein solches Versehen begangen wurde,
nämlich, die nothwendige Abführung nicht
vorhergegangen war, so entdeckte man es
bald und half ihm ab. Die Patienten bra-
chen entweder die China nebst der Gälle,
während der Remißion des Fiebers, weg;
oder

ober wenn sie dieselbe bey sich behielten, so
schien sie, weil sie den darauf folgenden Paroxismus nicht verhindern konnte, ihn eher
beschwerlicher zu machen. Schlimmere
Folgen entstanden nie; und alles was in
dergleichen Fällen geschehen mußte, war,
daß die gewöhnlichen Abführungen, eine
oder zwey Remißionen länger, wiederholt
wurden. *)

Zu Anfange meines Verfahrens durch
diese Aengstlichkeit, das Fieber so schleunig
als möglich zu vertreiben, verleitet, und
durch die Unschädlichkeit, ja, zuverläßige
Wirksamkeit der China beym Pucca-Fieber
ermuntert, wurde ich auch häufig zu ihrem
zeitigen Gebrauche in solchen kalten und hitzigen Fiebern bewogen, die mit Schmerzen und Verstopfungen in der Leber beglei-

*) In den heißen Jahrszeiten habe ich selten oder nie
nöthig gehabt, die Fieberrinde auszusetzen, wenn
ich einmal angefangen hatte sie zu gebrauchen:
Allein bey kalter Witterung habe ich die Fort-
setzung der Abführungen weit länger nöthig gefunden. Wenn die Ausdünstung befördert werden kann, wirkt die Rinde desto sicherer.

B

tet find; und wegen der Bemerkung ihrer
Unfchädlichkeit in allen folchen Fällen,
nahm ich ein Verfahren an, das ich feit-
dem bewährt und günftig gefunden habe,
und von dem ich jezt das Wefentliche mit-
theilen will.

Erftlich, bey intermittirenden Fiebern
von denen ich, nach der körperlichen Anlage und Befchaffenheit des Patienten, nach
feiner Lebensart, feinen langen Aufent-
halte in diefer Gegend, aus den Verfto-
pfungszufällen, aus der Lage oder der
Jahrszeit mit Grunde vermuthen kann,
daß fie eine zeitlang anhalten, und fich,
der Wahrfcheinlichkeit nach, durch Abführungen allein, nicht werden heben laffen,
ift meine beftändige Regel diefe, daß ich,
wenn ich den Magen und die Eingeweide
von der Galle gefäubert habe --- welche
während dem Anfalle in großer Menge er-
zeugt wird — die Rinde fobald als möglich gebe. Im Ganzen genommen, fuche
ich dem dritten Anfalle fchon vorzubeugen;
und in Fällen, da die Krankheit gewöhnlich

und ganz bekannt ist, auch schon dem zweyten, wenn nemlich eine genugsame Abführung der Galle durch den Stuhlgang während dem ersten Anfalle, oder zeitig genug
zu Anfange der ersten Nachlassung bewirkt
werden kann, um sie in einer so hinläng-
lichen Menge geben zu dürfen, daß sie die
nächst erwartete Wiederkunft abwende,
oder sie erleichterer helfe. In Fällen, wo
eine Anhaltung des Fiebers zu befürchten
ist, hält mich auch ein geringer Schmerz in
der Leber von dieser Verfahrungsart nicht
ab; außer, wenn ich finde, daß er durch
Nehmung der Rinde in beträchtlichem Grade zunimmt.

Ich folge diesem Verfahren, erstlich,
weil der Schmerz und andere Verstopfungszufälle in der Leber, welche sich bey Nehmung der China *) etwann äußern oder

*) Die Größe der Leber, ihr warmes Lager im
    Körper, der langsame Kreislauf und die eigene
    Beschaffenheit des durch sie gehenden Blutes,
    machen die Erschlaffung, die Anhäufung, die
    Verstopfung, den Stillstand, die Fäulung und

zunehmen, nicht als wichtig anzusehen sind;
wenn man sie mit der größeren Macht ver-
gleichet, welche die Fortdauer des Fiebers
zu Erzeugung dieser Wirkungen, durch

die unregelmäßige Absonderung in diesem Or-
gane unter warmen Himmelsstrichen wahrschein-
lich. Und wenn wir die Schmerzen und die
Anschwellung, welche an ihr bey den meisten
Europäern, die sich hier aufhalten, wahrgenommen wird, nebst dem widernatürlichen
Ausbrechen der Galle erwägen, dem sie fast
alle unterworfen sind, so wird diese Wahrscheinlichkeit bey jeder einzelnen Person fast
zur Gewißheit. Solchergestalt scheint es überhaupt nicht richtig zu seyn, die Hervorbrin-
gung aller Verstopfungen und Krankheiten der
Leber, die sich bey dem Gebrauche der Rinde
äußern, blos dieser Arzeney beyzumessen. Der
Schluß, daß sie nur die schon vorhandenen und
verborgenen Krankheiten der Leber an das Licht
bringe, wird durch den giltigen Beweis unterstützt, daß die Lebern der hier sich aufhaltenden
Europäer selten in einem gesunden Zustande gefunden werden. Und da die Rinde, wenn sie
von Leuten genommen wird, deren Leber völlig
gesund ist, diese Wirkungen nicht hervorbringt,
und nicht beschuldiget wird; daß sie an den

Anhäufung des Bluts in den Eingeweiden
während jeder Wiederkunft des Paroxis=
mus, hat. Weil, zweytens, die Versto=
pfungszufälle, falls einige da sind, leichter
und nachdrücklicher gehoben werden kön=
nen, nachdem das Fieber weg ist, und weil
jedem Schaden, der aus dem unzeitigen
Gebrauch der Rinde entstehen kann, mit
leichter Mühe abzuhelfen ist; da es hinge=
gen wider das Versehen ihrer zu langen
Aussetzung gar kein Mittel giebt. Weil,
drittens, außer der mit jedem Anfalle ver=
knüpften Gefahr, es für jeden etwas wich=
tiges ist, der Wiederholung eines so grim=
migen Angriffs auszuweichen. Weil, vier=
tens, die Sparung der Kräfte des Patien=
ten ebenfalls eine wichtige Sache ist, in
einem Lande, wo die Schwäche immer zum
Rückfalle geneigt, und mit vielen andern
schlimmen Folgen vergesellschaftet ist. Und,

andern gesunden Drüsen des Körpers Versto=
pfungen erzeuge, so hat die zu ihrer Herabsetzung
gemachte Folgerung keine Analogie auf ihrer
Seite.

fünftens, weil man durch jählinge Hem=
mung des Fiebers das Leben des Patienten
gegen eine Menge Vorfälle in Sicherheit
setzet, die sich zu allen Zeiten beym Fort=
gange dieser Krankheit zutragen können,
besonders aus Mangel gehöriger Kranken=
wärter *), welcher hier zu Lande gar oft

*) Zum Beyspiele, nach jedem Anfalle sind Ab=
führungen unumgänglich nothwendig, man
mag die China geben oder nicht. Die dazu
verordnete Arzeney, welche zu einer bestimmten
Stunde in der Nacht genommen werden soll,
wird aus einer oder der andern Ursache entwe=
der gar verabsäumt, oder nicht auf die rechte
Art gebrauchet. Man kann den Patienten nicht
dazu bringen, daß er sie nimmt; oder er bricht
sie vielleicht gleich wieder weg. Niemand ist da,
der darauf passe, daß sie durch andere ersetzt
werde; und den folgenden Morgen wird dem
Chirurgus ein falscher Bericht erstattet. Da
aus dergleichen Ursachen die Abführung, welche
in der Nachlassung hätte geschehen sollen, un=
terblieben ist, so werden die Eingeweide und
der Kreislauf mit Galle überladen; der Magen
wird so schwach und reizbar, daß er weder Ar=
zeney noch Nahrung annimmt; das Fieber stellt
sich wieder mit doppelter Heftigkeit ein, und

Schaden gestiftet hat. — Eine Betrach-
tung, die gewißlich allen andern vorgeht.
Zweytens, lassen sich alle Gründe, die
ich für den frühen Gebrauch der Rinde in
den kalten Fiebern angebracht habe, auf
den Fall der remittirenden anwenden, sie
mögen von Verstopfungszufällen begleitet
seyn oder nicht. Ja, da diese Krankheiten
in ihrem Fortgange schneller und gefährli-
cher sind, so ist die Nothwendigkeit dieses
Verfahrens verhältnißmäßig auch dringen-
der. Seitdem ich diesem Plane gefolgt

währt fort ohne Nachlassung; und in kurzem
verwandelt es sich in ein gefährliches remittiren-
des Gallenfieber. Dieß bringt mich auf die An-
zeige meiner Vermuthung, daß die westindischen
Gallenfieber mit der gelben Haut und andern
von Schriftstellern angezeigten schrecklichen Zufällen, von Verabsäumung häufiger und wie-
derholter Abführungen durch den Stuhlgang,
gleich zu Anfange, herrühren. Denn überall,
wo ich es angetroffen habe, ist es durchgängig
von dieser Ursache hergekommen. Und ande-
rerseits habe ich es unter dieser Gestalt nie gesehen, wo man zu Anfange gehörig abgeführt
hatte.

bin, kann ich mich nicht erinnern einen
einzigen Patienten an dieser Krankheit ver-
lohren zu haben; und ich schreibe meinen guten Erfolg den ersten Abführungen zu, die ich ungesäumt und beherzt
vornehme; der besondern Mühe, die ich
mir gebe, mich zu überzeugen, daß diese
gehörig erfolgt sind; meinem frühen, und
wenn ich mich so ausdrücken darf, meinem
voreiligen Gebrauche der China; dem völ-
ligen Vertrauen, das ich auf dieses Heilmittel in genugsamer Menge gegeben, setze;
und dem freyen Gebrauche, den ich, zu Er-
reichung dieses Endzweckes, vom Opium
gemacht habe. In zwey oder drey Fällen
von Wechselfiebern, in denen kein Mittel
die Abführung durch den Stuhlgang bewirken konnte, und wo ich eine Neigung
zur Fäulniß argwöhnte, habe ich das Leben des Patienten gerettet, indem ich den
Magen mit einer starken Gabe Opiums
vorbereitet, und während der Wirkung
desselben eine zu Hebung des Fiebers hin-
längliche Menge von Rinde dazusetzte.

Drittens, bey intermittirenden und re=
mittirenden Fiebern, mit denen ein be=
trächtlicher Grad von Entzündungen der
Leber oder eines anderen Theils verknüpft
ist, muß das Aderlaſſen ohne Bedenken, ſo
wie die andern Abführungen, vorgenom=
men werden; und in vielen Fällen bedarf
es auch ſpaniſchen Fliegen. Wenn hierauf
das Fieber noch fortdauert, und keine Aus=
ſicht da iſt, es durch Verfolgung dieſes
Plans zu heben, ſo muß die Rinde ohne
Anſtand gegeben werden. Denn in allen
den einzeln Veranlaßungen habe ich immer
gefunden, daß das Fieber in einem An=
falle mehr Schaden thue, als alle die Rin=
de, welche zu Hinderung ſeiner Wieder=
kunft nöthig iſt.

Dieſes ſind meine Gedanken in Anſe=
hung der China. Nun ſoll der Gebrauch
und die Anwendung der Thatſachen, wel=
che wir in Beziehung auf den Einfluß des
Mondes in Heilung der Fieber zu Grunde
gelegt haben, ohne Unterbrechung, auf
folgende Weiſe erklärt werden.

Erſtlich, wenn ſich ein intermittirendes
Fieber von irgend einer Gattung gegen das
Ende des Intervalls zeigt, ſo muß man
ihm, wo möglich, vor dem Eintritte des
vollen und neuen Mondes Einhalt thun:
weil alsdenn, wie ſchon gezeigt worden, die
Paroxiſmi ſtärker, fortdauernder und ſchwe⸗
rer zu heilen werden, und manchmal ſo
lange anhalten, daß ſie zuſammentreffen,
die Geſtalt eines remittirenden Fiebers an⸗
nehmen, und zum Gebrauche der China
den ganzen Zeitlauf hindurch keine ſchickliche
Gelegenheit verſtatten. Und obgleich die
bloßen Abführungen das Fieber in den In⸗
tervallen im Allgemeinen heben, ſo läßt
ſich dieſes während dem vollen und neuen
Monde doch kaum erwarten.

Aus eben dem Grunde muß man, wenn
ſich zu Anfange des Vollmondes ein inter⸗
mittirendes Fieber zeigt, das nämliche in
Acht nehmen; wo nicht, ſo darf man ſich
vor dem Ende dieſes Zeitlaufs keiner Auf⸗
löſung des Fiebers verſehen.

Zweytens muß man merken, daß, wenn
sich intermittirende Fieber gegen das Ende
des vollen oder neuen Mondes zeigen, ein
so schleuniger Gebrauch der Rinde nicht so
nöthig ist; weil, der Wahrscheinlichkeit
nach, das Fieber von freyen Stücken mit
Endigung dieser Zeitläufe aufhören, oder
dessen Heftigkeit wenigstens abnehmen wird.

So kann man auch mit mehrerer Muße
zu Werke gehen, wenn die kalten Fieber
ihren Angriff zu Anfange der Intervallen
machen: Denn alsdann hat man, sowohl
zu häufigen Abführungen, als zur Rinde
Zeit genug; dafern sie vor dem Eintritte
der nächst zu befürchtenden Mondesverän-
derung erforderlich seyn sollte.

Drittens, einer der wichtigsten Vortheile, der aus der Aufmerksamkeit auf dieses System herfließet, ist die Anweisung,
die es ertheilt, wie man sich gegen Rückfälle
in acht zu nehmen hat. Diese ereignen sich
allgemein zur Zeit des vollen und neuen
Mondes; und niemand, der ein kaltes Fieber gehabt hat, kann sich zu diesen Zeitfri-

ften für ficher halten, wo er feine Kräfte
nicht ganz wieder bekommen, und jeden
Verstopfungszufall gehoben hat. Daher
ift es durchaus nothwendig, auf diefe Wie-
derkünfte mit der äußersten Sorgfalt zu
merken; der Gebrauch eines Abführungs-
mittels, nebft einigen einen Tag zuvor ein-
genommenen Gaben von Rinde, und damit fo lange als diefe Perioden währen,
fortgefahren, wird dem Rückfalle vorbeu-
gen. Wenn diefe Maaßregeln ohne Wirkung bleiben, und der Patient, trotz aller
feiner Mühe, weder die Kräfte wieder be-
kömmt, noch der Verstopfungszufälle los
wird, fo müffen wir ihn fo gefchwind als
möglich in eine Gegend fchaffen, wo die
Einwirkung des Mondes weniger merklich
und weniger nachtheilig ift, als in Bengalen. *)

*) Zu Madras fühlt man fie nicht fo fehr, und
wenn man fich von Bengalen auf jene Nieder-
laffung begiebt, fo ift man, in vielen Fällen,
feiner Genefung meiftens gewiß.

Alle bekannte fiebererzeugende Ursachen
müssen beym vollen und neuen Monde mit
mehr als gewöhnlicher Sorge vermieden
werden; als man muß sich der Sonne nicht
zu sehr aussetzen, keine starke Mahlzeiten von
Fleischspeisen thun, alles Hitzige und Reizende weglassen; kurz, jedes Uebermaß fliehen.
Wenn man dieses System allgemeiner einse-
hen wird, so wird man, hoffe ich, auf viele
nützliche Gedanken zur bessern Pflege unserer brittischen Soldaten und Seeleute verfallen, die ihrem Lande in warmen Gegenden dienen; und besonders der letzten,
bey deren Speisen und Getränke Rücksicht
auf diese ungesunden Perioden genommen
werden muß, ohne die Sorge für die gehörige Mannichfaltigkeit und den Wechsel
der Speisen zu unterlassen.

Viertens, die remittirenden Gallenfieber betreffend, so muß man sie für nichts anders als für alltägige und dreytägige intermittirende Fieber ansehen, deren Anfälle
durch die in den Eingeweiden zurückgehal-
tene oder in den Kreislauf aufgenommene

Galle, durch Verstopfungen der Leber und
Milz, durch die Einwirkung des Mondes,
oder andere Ursachen, verlängert werden,
und sich einholen; und bey ihnen ist eine
Aufmerksamkeit auf alle gegenwärtige von
uns eben angezeigte Umstände noch nothwendiger als bey den intermittirenden; weil
sie schneller zunehmen, ihre Gefahr größer,
und ihre Behandlung schwerer ist.

Die Neigung dieser Fieber, nach welcher sie während dem vollen und neuen
Monde zu gewissen Tagzeiten anfallen und
unterlassen, welches ich für nichts anders
als für eine genaue Verwandtschaft mit dem
beziehungsweisen Stande der Sonne und
des Mondes in Rücksicht auf uns zu diesen
einzelnen Zeitläufen ansehen kann, gehört
hieher, und giebt viele nützliche Belehrungen in der Heilart an die Hand.

Aus einer langen Erfahrung habe ich
gelernt, daß alle abführende Arzeneyen,
so gut wie die Klistiere in ihrer Wirkung
sehr unzuverläßig sind, und daß man von
ihnen, so lange noch ein Grad des Fie-

hers gegenwärtig ist, insgemein hinter-
gangen werde: ja der Brechweinstein
selbst wird bey aller möglichen Behandlung
zu der Zeit oft nur auf den Magen wirken, und in den Eingeweiden nichts aus-
richten. Daher muß man die Zeit, in welcher die Fieber eine Neigung zur Nachlaf-
sung zeigen, sorgfältig abwarten, und bey
den ersten Spuren der Nachlassung Pur-
giermittel in allen Fällen geben. Wenn
sich aber auch diese Spuren nicht deutlich
zeigen sollten, so muß dennoch die gewöhn-
liche Zeit der Nachlassung zu dieser Absicht
benutzt werden. Zu dieser Zeit werden sie
insgemein wirken und die Galle wegschaf-
fen, welches das erste und unumgänglich
nothwendige Erforderniß bey Heilung dieser Fieber ist.

Wenn Antimoniumsmittel in der Absicht, das Fieber zu vertreiben, oder den
Magen von der Galle zu entledigen, gegeben werden, so ist es um so besser, je
eher man sie braucht. Hat man aber die
Absicht, die absorbirte Galle durch die Aus-

dünstung wegzuschaffen, und eine vollstän=
digere Nachlassung zu bewirken; so muß
die eben angezeigte Zeit gewählt werden,
damit die Wirkung der Arzeney mit der
Nachlassungsneigung des Fiebers zusam=
men komme.

Hernach ist dieß eben auch die rechte
Zeit zu Eingebung der China; und oft ist
es äußerst wichtig, nicht einen Augenblick
derselben vorbeyzulassen, sondern mit den
zu allererst eintretenden Zufällen anzufan=
gen, oder, falls diese nicht ganz deutlich
sind, mit der frühsten Stunde, zu welcher
sie sich bey andern Fällen insgemein zu äus=
sern anfangen.

Hiemit wird die allgemeine Anwendung
unserer Bemerkungen, über diese Heilungs=
zeit der remittirenden Fieber hinlänglich
dargethan seyn. Allein bey manchen Ge=
legenheiten sind die Umstände so dringend,
daß man den Augenblick den wir zum Ge=
brauche dieser Arzeneyen in unserer Gewalt
haben, mit Freuden ergreift, ohne auf ir=
gend einen Zeitlauf zu sehen.

Fünftens,

Fünftens: Faulfieber, Nervenfieber und rheumatische. Fieber stehen hier zu Lande alle zusammen auf gleiche Art unter dem Einflusse des Mondes; und bey allen ist unsere Achtsamkeit auf diese Bemerkungen von dem größten Nutzen, sowohl bey ihrer Behandlung, wenn sie da sind, als auch bey Vorbeugung ihrer Rückfälle.

Sechstens: meine Erfahrung in Einimpfung der Pocken schränkt sich nur auf eine geringe Zahl von Fällen ein; allein die wenigen Beobachtungen, die ich habe machen können, haben mich zur Genüge überzeugt, daß der volle und neue Mond bey ihrem Ausbruche sich darein mischte, und das Fieber bis zu einem gefährlichen Grade vermehrte. Daher habe ich diesem Ungemach in der Zukunft dadurch auszuweichen gesucht, daß ich das Einimpfen am zweyten oder dritten Tage des vollen und neuen Mondes vornahm; damit das Ausbruchsfieber jedesmal in die Intervalle treffe. Auch zweifle ich nicht, daß man über diese Bemerkung, bey weiterer Erfahrung,

C

im Einimpfen der Blattern ernsthafter
nachdenken und viele nützliche Belehrungen
in der Behandlung dieser Krankheit, wenn
sie auf eine natürliche Art erfolgt, *) daraus erhalten werde.

*) Ich habe lange bemerket, daß die Absonderung
der Galle zur Zeit des vollen und neuen Mondes in vielen Fällen wo kein Fieber vorhanden,
größer seye; ebenfalls auch, daß alle offene
Schäden, Geschwüre, Beulen, Ausschläge,
das Zahnfleisch der Kinder, welche Zähne bekommen, rheumatische Schmerzen, u. s. w.
merklich entzündet und gereizt werden, so bald
die Galle in den Kreislauf übergegangen ist;
ferner, daß alle diese Beschwerden beym vollen
und neuen Monde mehr Entzündung und Reizbarkeit bekommen. Diese Voraussetzungen haben mich zu schließen bewogen, daß die zu der
Zeit in größerer Menge abgesonderte Galle
die Ursache der gedachten Reizbarkeit und Entzündungen sey. Dieser Schluß scheint sich
auch in einem großen Grade durch die guten
Folgen des Purgirens in allen dergleichen Fällen, und durch die Menge der alsdenn wegge-
henden Galle zu bestätigen. Vor allen mir bekannten Arzeneymitteln, besitzt Calomel die
Kraft, die schleimichte und zähe Galle abzufüh-

Siebentens: in Betreff der Kopf- und Zahnschmerzen, der Augenentzündungen, des schweren Athemholens, der Schmerzen und des Aufschwellens der Leber und Milz, der Flüsse, der Krämpfe, der Verstopfungen in den Eingeweiden, der Beschwerden im Harne, allerley Ausschläge, und noch vieler andern, die mit dem Monde periodisch wiederkommen, beruht die Kur lediglich darauf, daß man auf diesen Mondeswechsel acht habe. Mit jeder folgenden Wiederkunft dieser Beschwerungen, werden die leidenden Theile immer schwächer und schwächer, dem Rückfalle ausgesetzter, und schwerer zu heilen. Hingegen bekommen die Theile, wenn man jeder

ren, mit welcher die Eingeweide hier zu Lande so gewöhnlich überladen sind. Mögen nicht die guten Folgen der Vorbereitung bey den Blattern, von der Abführung aller scharf reizenden Galle herrühren, ehe die Ansteckung erfolgt? Und mag nicht der bey solchen Gelegenheiten gegebene Merkur, durch Beförderung eines freyern Kreislaufes in der Leber, eine frischere und weniger reizende Galle schaffen?

Wiederkunft vorbeugt, längere Zeit zu
Sammlung der Kräfte, werden den Rückfällen weniger unterworfen, und erlangen
endlich ihre vorige Stärke wieder. Daher
wird, wenn dergleichen Beschwerden nicht
von einer schadhaften Leber entstehen, eine
gehörige Aufmerksamkeit auf die Diät und
auf den Zustand der Eingeweide, eine kluge
Ableitung von dem leidenden Theile, und
die zu rechter Zeit vor Eintritt des Mon-
deswechsels und während seiner Dauer ge-
brauchte China, im Ganzen von gutem Erfolge seyn. Allein es ist zu merken, daß
dergleichen periodische Beschwerden in den
meisten Fällen mit einer schadhaften Leber verknüpfet sind, welche durch Merkur *) am besten geheilt wird; dabey aber

*) Verstopfungen der Leber, die lange vernachläßi-
get worden sind, schlagen gemeiniglich in Wassersuchten aus; die ich immer, wenn sie auch tief
eingerissen waren, durch die Merkurialkur und
andere nöthige Abwartungen heilbar gefunden
habe, dafern sie ein erträglich starkes remitti-
rendes oder intermittirendes Fieber bey sich hatten; und die einzigen Fälle, in denen diese Kur

läßt man im vollen und neuen Monde die
China in solcher Menge nehmen, als zu
Verhinderung der Rückfälle erfoderlich ist.
Achtens: so wie ein Arzt der auf das Sy-
stem merkt, welches ich zu erklären gesucht

fehlschlug, waren diejenigen, bey denen man
kein solches Fieber wahrnahm. In solchen mit
einem Fieber behafteten Wassersuchten ist der
Uebergang vom vollen oder neuen Monde zu
den Intervallen ein sehr kritischer Zeitpunkt,
und bringt oft eine freywillige Entladung des
Harns zuwege; insonderheit, wenn das Blut
vorher mit Merkur beladen, und durch den Gebrauch harntreibender Mittel, als der Tinktur
von spanischen Fliegen, van Meerzwiebel und
Laugensalzen, ein Trieb auf die Nieren hin, grade zu der Zeit, geschehen war. Die Data aller
Wassersuchten genau zu bestimmen, welche durch
jählinge und unerwartete Harnentladungen geheilt werden, würde eine eben so belehrende als
die Neugierde befriedigende Untersuchung seyn;
denn ich kann mich der Vermuthung nicht enthalten, daß die meisten dieser, eben sowohl als
die plötzlichen und unerwarteten Auflösungen der
Fieber, mit dem erwähnten kritischen Zeitpunkte
auf eine auffallende Art zusammenhängend gefunden werden würden.

habe, daraus lernen wird, wie er die man-
cherley Vorfälle, die sich bey den Fiebern
zutragen, vorhersehen, und Gegenanstal-
ten treffen soll; eben so wird es ihn in den
Stand setzen, die vergangenen und gegenwärtigen Erscheinungen andern auf eine
vernünftige Art nicht nur zu erklären, sondern auch künftige Vorfälle vorher zu sagen:
ein überzeugender Beweis von seiner gründ-
lichen Wissenschaft, und eine sichere Quelle
des Rufs und Zutrauens auf ihn, und ein
unaussprechlicher Trost und Erleichterung
für seinen Patienten.

Nachdem wir also durch Anwendung
der in unserem ersten Satze zu Grunde ge-
legten Lehrbegriffe auf die Behandlung der
Fieber, gefunden haben, daß sie uns nicht
nur in Heilung, sondern auch in Vorbeugung dieser Krankheiten, förderlich und
behilflich sind, so ergiebt sich die Richtigkeit
unsers zweyten Satzes von selbst.

Von der Wirkung des Mondes auf die Fieber.

Dritter Satz.

Die Wirkung des Mondes auf die Fieber hat auf eine gleiche Weise in jeder bewohnten Gegend der Erdkugel statt, und folglich ist eine gleiche Aufmerksamkeit auf denselben eine Sache von allgemeiner Wichtigkeit in der ausübenden Arzeneykunst.

Da ich auf die Ausfüllung des Umfanges dieser Folgerung keinesweges gefaßt bin, welches erfoderlich ist, um diesen Satz auf einen unumstößlichen oder sichern Grund aufzuführen; so muß ich zwar nach einer weniger mathematischen Methode verfahren, die aber, wenn sie gleich den höchsten Grad von Gewißheit nicht hat, doch vielleicht den Endzweck erreichet, daß sie die

Aufmerksamkeit der Fakultäten in andern Weltgegenden auf eine Sache zieht, welche sie wirklich zu verdienen scheint.

Aus meiner eigenen Erfahrung und Beobachtung weiß ich, daß die Wirkungen des Mondes, wenn er voll ist und neu wird, vom dreyzehnten bis zum sechs und zwanzigsten Grade Norderbreite, auf die Fieber statt findet; und aus Arabien und Persien haben wir durch die Aerzte dieser Länder zuverläßige Nachrichten davon. Hippokrates, der in Asien und Griechenland und in noch höhern Breiten als Arabien und Persien, prakticirte, bemerkte es, und schrieb davon vor 2000 Jahren. Auch haben wir Zeugnisse von ihrer Existenz in allen zwischen Griechenland und Großbritannien befindlichen Breiten. Man geht also über die Analogie nicht zu weit hinaus, wenn man aus diesen Gründen schließet, daß sie unter jeder bewohnten Norderbreite herrsche. *) Ja, da diese Zeugnisse eben auch

*) Das heißt, so weit nördlich, als sich der Einfluß des Mondes auf den Fall der Ebbe und Fluth erstrecket.

so mannichfaltige Beweise ihrer Existenz in
einer Menge der Norderbreiten sind, *) so
getrauen wir uns auf ähnliche Weise zu folgern, daß sie unter jeder bewohnten Norderbreite **) herrsche; kurz, indem wir den
Beweis, der zu Gunsten dieser Folgerung
aus diesen einzeln Beyspielen entspringet,
mit demjenigen verbinden, den wir aus
der bekannten Allgemeinheit der Einwirkung des Mondes in Ebbe und Fluth her-
leiten, so folgern wir ungescheut, daß sie
über die ganze nördliche Halbkugel herrsche.
Da wir aber einmal so weit sind, so können wir nicht umhin, auf diesen analogi-
schen Grunde weiter zu gehen, und zu
schließen, daß die Einwirkung des Mondes in der südlichen Halbkugel ebenfalls
herrsche.

Die allgemeine Einwirkung des Mondes in die Fieber, über die ganze Erdkugel,

*) In der Urschrift, northern longitudes, entwe-
der ein Druckfehler, oder sonst was. Ueberf.
**) Wieder der vorige Ausdruck in der Urschrift.
Ueberf.

einmal vorausgeſetzet, ſo wird aus einer nä-
hern Aehnlichkeit folgen, daß ſich ſeine Wirkung auf gleiche Weiſe zu einerley Zeitfriſten äußere, und meiſt eben ſo lange Zeit
anhalte, nämlich, ſechs Tage beym vollen
und neuen Monde. Eben ſo wird auch
folgen, daß die Kenntniß dieſes allgemeinen Geſetzes, in allen Strichen der Erdkugel, auf die Heilung und Vorbeugung der
Fieber, eben ſo wie in Indien anzuwenden
ſey; und folglich, daß die Aufmerkſamkeit auf denſelben von allgemeiner Wichtigkeit in der Praxis der Arzeneykunſt
ſeyn müſſe.

Von der Wirkung des Mondes auf die Fieber.

Vierter Satz.

Die ganze Lehre von der Fieberkrisis läßt sich aus den Vordersätzen erklären, welche ich in Hinsicht dieser Krankheiten zur Zeit des vollen und neuen Mondes zu Grunde gelegt habe.

Dafern uns die Geschichte und Beschreibungen der Fieber mit einer pünktlichen Aufmerksamkeit auf die Zeit jedes Vorfalles während der Krankheit, von medizinischen Schriftstellern überliefert, und in jedem Falle der relative Stand des Mondes bestimmt worden wäre, so wäre ich geneigt zu glauben, daß wir die Abnahme und die endliche Auflösung der Fieber in einer solchen Verbindung mit dem Ende der Zeit-

friſten des vollen und neuen Mondes gefunden hätten, daß ſich die Wahrheit dieſes Satzes bey einem einzigen Anblicke ohne
weiteres Nachforſchen und Beweiſe gezeigt
haben würde. Allein dieſe in jeder Art
der Geſchichte unumgängliche Foderung iſt
übergangen worden. Das Verfahren der
Neuern hingegen, welches die Fieber der
Natur weit weniger als ehedem überläſſet,
und ſie gleich anfangs hemmt, oder in ihrem
natürlichen Gange und in ihrer Endigung
unterbricht, verſagt uns den Beyſtand, den
wir ſonſt von den täglichen Beobachtungen
erhalten könnten. Daher kann ich nichts
weiter thun, als die Aufmerkſamkeit künftiger Beobachter zu dieſer wunderbaren
und wichtigen Sache einladen, mit der
Verſicherung, daß ich von der Wahrheit
dieſer Schlußfolgerung durch meine eigene
Erfahrung zur Genüge überführet bin; und
daß ich in jedem Falle, in welchem ich Gelegenheit hatte, auf die Fieber zu der Zeit
zu merken, da der volle oder neue Mond
zu Ende lief, und die Intervalle anfiengen,

faſt unwandelbar, entweder einige Merk-
male der Abnahme des Fiebers oder eine
völlige Auflöſung bemerket habe.

Dieſe Bemerkung, die ich zuerſt an gemeinen Gallen- und Flußfiebern machte,
brachte mich auf den Schluß, daß der Uebergang vom vollen und neuen Monde zu den Intervallen bey den Fiebern ein
günſtiger kritiſcher Zeitpunkt ſey, und
daß alle Tage des Intervalls eben auch
günſtig ſeyn. Da ich aber ebenfalls eine
Zunahme des Fiebers, und häufig den Tod
zu der Zeit faſt unabänderlich wahrgenommen habe, wenn er von den Intervallen in
das Vollſeyn und Neuwerden übergeht,
und während der Dauer dieſer Zeitfriſten,
ſo habe ich daraus den Schluß gewagt, daß
der Uebergang von den Intervallen zu dem
Vollſeyn und Neuwerden, bey den Fiebern
eine ungünſtige kritiſche Zeit ſey; und daß
die ganzen ſechs vorher beſchriebenen Tage
ebenfalls ungünſtig ſeyn. In andern Ausdrücken, daß „mit dem Voll- und Neumonde
„ein gewiſſer ungewöhnlicher oder zufälliger

„ Zuſtand oder Beſchaffenheit der Luft un-
„ veränderlich erfolge, welche das Fieber
„ vermehret, und es zu einer ungünſtigen
„ Endſchaft oder Kriſis vorbereite; und
„ mit den Intervallen ein Zuſtand oder
„ Beſchaffenheit in der Luft, als das Ge-
„ gentheil der erſten, unausbleiblich erfolge,
„ welche das Fieber nicht erhöhet, ſondern
„ es vermindert, und zu einer günſtigen
„ Kriſis vorbereitet. „ *)

*) Dieſes als richtig vorausgeſetzt, ſo werden wir,
    außer dieſen zu Grunde gelegten Sätzen, auch
    einen ſehr beträchtlichen Schritt zu der genauern
    Bekanntſchaft mit der unmittelbaren Urſache
    des Fiebers gemacht haben: denn, wenn wir
    die Erfahrungen und Beobachtungen in ein Sy-
    ſtem vereinigen, werden wir nun im Stande
    ſeyn die Natur desjenigen Zuſtandes oder der-
    jenigen Beſchaffenheit der Luft zu beſtimmen,
    welche einen ſo weſentlichen Unterſchied zu die-
    ſen Zeiten veranlaßet. Ein dergleichen Syſtem
    würde ein Tagebuch über jeden Mondentag er-
    fodern, das ein gleichzeitiges Verzeichniß der
    Fieber und anderer Unpäßlichkeiten des menſch-
    lichen Körpers im geſunden Zuſtande, der Hitze,
    der Feuchtigkeit, der atmoſphäriſchen Schwere,

Da es den Fiebergeschichten, welche
uns Hypokrates hinterlassen hat, an dem
wesentlichsten Erfoderniß mangelt; und

und der verschiedenen Winde, der Versuche und
Beobachtungen über den Zustand der Elektricität und Fäulniß; der verschiedenen Umgänge
der Sonne, des Mondes und der Sterne, und
vieler anderen Umstände, enthielte, auf die man
gelegentlich verfallen würde; dergestalt, daß
ihr relativer Stand und Lage, und endlich ihre
Gemeinschaft als Ursache und Wirkung bestimmt
würden. Ein dergleichen Unternehmen, welches
weit außer meinem Kreise liegt, würde einen
Mann mehr als zu sehr beschäftigen. Allein
es gehört hieher, und verdienet angemerket zu
werden, daß es hier zu Lande eine durchgängige
Wahrnehmung und gegründete Thatsache sey,
daß die Neigung des Fleisches zur Fäulniß um
den vollen Mond weit stärker als während der
Intervalle sey. Auch weis ich aus Erfahrung,
daß der volle und neue Mond zu allen Zeiten
des Jahrs meistentheils eine ungewöhnliche
Windstille, Hitze, und Dichtheit in der Luft,
auf einige Zeit hervorbringt; und wo ich nicht
irre, so ist es diese Windstille, Hitze und Dichtheit, welche den Grund zu den Winden legen,
die um diese Zeiten so stark herrschen.

seine Nachrichten über die Krisis mit einer
besondern ihm eigenen Theorie über die
Original = Stadia der Fieber, und auch
mit einigen unbestimmten und unphiloso=
phischen Gedanken über die Aspekten und
Konjunktionen der günstigen und ungünsti=
gen Planeten gemischet sind, so würde jeder
Versuch über das was er uns hierüber er=
theilt hat, zu philosophiren, ein Werk von
bloßen Vermuthungen und wenig befrie=
digend seyn. Zweckmäßiger ist es, zu sa=
gen, daß, seitdem ich darauf geachtet habe,
mir kein Anfall oder keine Endschaft in
Gallen = Fluß = oder Nervenfiebern vorge=
kommen ist, den oder die ich nicht im
Stande gewesen wäre nach diesem System=
me zu meiner Genugthuung zu erklären;
daß ich eben auch ihre Anfälle und ihre En=
digung mit vieler Zuverläßigkeit habe vor=
hersagen können; und daß die Dauer sol=
cher Fieber auf keinen bestimmten kritischen
Zeitpunkt, der von den ungraden oder
graden Tagen abhienge, eingeschränket,
sondern mit den günstigen und ungünsti=
gen

gen kritiſchen Zeiten, die ich eben angegeben habe, unwandelbar zuſammenhänge. Eben ſo bin ich durch die Erfahrung überzeugt, daß, wenn dieſe Perioden mit dem Ausbruchsfieber der Pocken zuſammentreffen, ſie allemal unter dem nämlichen Lichte anzuſehen ſind.

Aus dem, was ſchon über die bengaliſchen Faul- oder Pucca-Fieber geſagt worden iſt, mache ich ohne Bedenken den Schluß, daß ſie mit den Gallen-Fluß-und Nervenfiebern, und mit dem Ausbruchsfieber der Blattern einerley günſtige und ungünſtige kritiſche Perioden haben. Allein etwas ſehr ſchweres iſt die Zuſammenreimung dieſer Lehre mit denjenigen Faulfiebern, welche Sir John Pringle, Herr Tiſſot und Doktor Hilary beſchrieben haben, und die ſich nach der Regel in 14, 17, und 19 Tagen endigen. Hier muß ich abermal beklagen, daß alle dieſe Geſchichten einen weſentlichen Mangel haben, weil es ihnen an jeder Zeitbeſtimmung gebricht; und daß ich wiederum genöthiget

D

bin, mit dem schwachen und verdächtigen
Lichte meiner eigenen Erfahrung anzu-
kommen.

Während daß ich mich bemühte den Grund
dieser Thatsachen auszuspähen, welche einigen Fiebern eine eingeschränkte Dauer,
unabhängig von günstigen oder ungünstigen kritischen Zeitpunkten, zu bestimmen, und folglich stark gegen unsere jezige
Theorie zu streiten schienen, so ward ich
auf folgende Reihe von Muthmaßungen
gebracht.

Bey den faulen Fiebern von neunzehn-
tägiger Dauer nahm ich an, daß eine starke faulende Anlage in dem Körper gewesen
seyn müsse, und daß die fieberbringende *)

*) Dafern es durch weitere Erfahrung bestätiget
wird, daß diese fieberbringende Wirkung mit
einer zunehmenden Neigung zur Fäulniß un-
ausgesetzt verbunden ist, welches man aus der
in der vorhergehenden Anmerkung erwähnten
Thatsache zu glauben gewissermaßen berechtiget
ist, so wird die Erklärung, welche wir von der
verschiedenen Dauer der faulen Fieber gegeben

Wirkung der Luft, welche beym vollen und
neuen Monde statt findet, durch Zusam-
menwirkung mit jener Anlage zu diesen
Perioden, die Macht zu Erzeugung eines
Fiebers am zweyten Tage ihres Eintrittes
hätte, und daß das Fieber, ehe man zu dessen Hemmung oder zu Verbesserung dieser
Anlage in dem Körper der Patienten, Mittel brauchen könne, seinen Lauf durch den
ersten vollen und neuen Mond und das
darauf folgende Intervall, wie auch durch
den zweyten vollen und neuen Mond fort-
setze; daß aber, da die Neigung zur Fäulung in einigem Grade durch Arzeney über-
wältiget, und die fieberbringende Wirkung
des vollen und neuen Mondes durch die
Ankunft des zweyten Intervalls zu gleicher Zeit enkräftet werde, eine Krisis von

haben, noch wahrscheinlicher und verständlicher
gemacht werden, und auf jedes Fieber dieser
Gattung anwendbar seyn, es sey kürzer oder
länger als diejenigen, die wir hier als Beyspiele
zu Erläuterung der Theorie der ganzen Klasse
specificiret haben.

D 2

Bedeutung gleich bey dieser Vereinigung, grade am neunzehnten Tage vom ersten Anfall statt fände.

Bey den Faulfiebern, welche vierzehn Tage dauern, nahm ich an, daß die Neigung zur Fäulniß im Körper, zu Anfange schwächer als im vorigen Falle sey; und daß die fieberbringende Wirkung des vollen Mondes oder des Mondenwechsels eher keine Macht zu Erzeugung eines Fiebers als am vierzehnten Tage dieser Frist habe, nach mehrerer Zunahme jener körperlichen Anlage; daß das Fieber in den übrigen Tagen des vollen Mondes oder seines Wechsels, durch das darauf folgende Intervall, und auch noch durch einen vollen und wechselnden Mond, wie bey den neunzehntägigen Fiebern, fortwährend anhalte, und sich endlich, durch die Zusammenkunft der nämlichen Ursachen, kritisch endige, gleich beym Eintritte des zweyten Intervalls; gerade in siebenzehn Tagen vom ersten Anfalle gerechnet.

Und endlich bey den faulen Fiebern, die
nur vierzehn Tage dauern, nahm ich an,
daß, da die Neigung zur Fäulniß in ihnen
noch geringer ist als in denen von siebenzehn-
tägiger Dauer, die fieberbringende Wirkung des vollen und neuen Mondes zu Er-
regung eines Fiebers nicht eher Macht hätte,
als gerade zu Ende der Frist, da die Anlage zur Fäulung hinlänglich zugenommen
hätte, oder gegen den Anfang des Intervalls; daß es innerhalb diesem Intervalle
und dem ganzen darauf folgenden vollen
und neuen Monde zunehmend fortwähre,
und sich endlich aus der Vereinigung der
eben erklärten Ursachen kritisch endige,
gleich zu Eintritt des zweyten Intervalles, gerade in vierzehn Tagen vom ersten
Anfalle.

Seitdem ich auf die Gedanken in Betreff der Krisis und der obigen Theorie
von den Faulfiebern verfallen bin, habe
ich nur vier bis sechs Fälle von der
Art anzutreffen Gelegenheit gehabt. In
dem einen hielt das Fieber gerade fünf-

zehn Tage an, und endigte sich völlig und
schließlich mit dem Anfange des zweyten
Intervalles: ein Umstand über den ich nicht
wenig froh war, weil ich die Krisis nach
der eben erklärten Theorie, auf die nämliche Zeit vorhergesagt hatte, und mit ängst-
licher Erwartung darauf lauerte. In den
andern Fällen hatte ich keine Gelegenheit
den Anfang des Fiebers zu bestimmen,
folglich auch nicht die genaue Zeit seiner
Währung; eine völlige Auflösung ereignete
sich nicht, wie ich es bey Annäherung des
zweyten Intervalls erwartet hatte, doch
nahm die Krankheit bey ihnen allen eine
so günstige Wendung zu dieser Frist, daß
man sie ganz passend eine Krisis des Fiebers nennen kann.

Ob ich auf eine richtige Erklärung über
die Ursache der Verschiedenheit, welche sich
in der Dauer dieser periodischen Fieber
zeigt, verfallen bin, ist eine Frage, die ich
der Entscheidung einer ferneren Erfahrung
überlassen will. Doch thue ich ohne Be-
denklichkeit auch nach diesen wenigen Bey-

spielen, den Ausspruch, daß sowohl sie,
als die andern Fieber von denen schon ge-
sprochen worden ist, ihre günstigen und
ungünstigen kritischen Perioden haben;
und daß diese keine andere als die schon
beschriebenen sind, nämlich, der volle und
neue Mond.

Nun fehlt es der Auseinandersetzung,
durch die ich meine Meynung unterstützt
habe, nur noch an Beyspielen von Enzün-
dungsfiebern. Ich kann zwar nicht sagen,
daß ich hier zu Lande Gelegenheit gehabt
habe, Beobachtungen über eines anzustellen, das man lediglich für entzündend
hätte halten können; allein, da ich die
Wirkungen dieser Fristen in Lokalenzün-
dungen, in Fiebern, die Entzündungszu-
fälle bey sich hatten, und in jeder andern
Fiebergattung gesehen habe, so sehe ich sie
für keine Ausnahme von der allgemeinen
Regel an.

So lange wir zu Erklärung der verschiedenen Krisis der Fieber diese Lehre von

den günstigen und ungünstigen Perioden
brauchen, so muß die alte Theorie von der
Confoction wegfallen. Allein deßhalb ist
es nicht nothwendig den Gedanken von einer Krankheitsmaterie aufzugeben, welche
in vielen Fällen zuverläßig vorhanden ist,
und die sich meiner Meynung zufolge, mit
meinem System auf folgende Weise völlig
vereinbaren lässet.

1) Daß in Gallen = und Entzündungsfie-
bern, die sich, wie bekannt, im Anfange, oder in jedem andern Stande heben
lassen, die Krankheitsmaterie, falls es
eine giebt, so wenig Theil an Bewir-
kung der Krisis habe, daß man in der
Praxis gar keine Rücksicht auf sie nimmt;
und daß in allen dergleichen Fällen die
günstigen und ungünstigen kritischen
Perioden unsere vorzügliche Aufmerksamkeit verlangen. Die Endschaft der
Nerven = und Flußfieber scheint auch
weit mehr unter der Herrschaft dieser
Perioden zu stehen, als irgend ein in-

nerlich körperlicher Grund, den ich hätte
entdecken können; *) und also gehören
sie unter die nämliche Regel.

2) Daß bey den Blattern und Masern und
andern dergleichen Krankheiten, die
Dauer des Fiebers durch die eigene Beschaffenheit der Ansteckung hauptsäch-
lich bestimmt zu werden scheine: daß
man aber auch auf die günstigen, und
sonderlich auf die ungünstigen kritischen Perioden, welche die Zufälle
erschweren, den natürlichen Fortgang
des Fiebers unterbrechen, und ihn mehr
als gewöhnlich verlängern können, sehr
achten müsse.

3) Daß es in Fäulungsfiebern ein fäulende
Anlage im Körper gebe, zu deren Bän-

*) Falls durch künftige Wahrnehmungen ausge-
macht werden sollte, daß die Nervenfieber von
den Fäulungsfiebern nur grabweise unterschieden
sind, so wird man wahrscheinlicherweise auch
finden, daß die günstigen und ungünstigen
kritischen Perioden auf ähnliche Art auf ihren Fortgang und auf ihre Dauer wirken.

digung oft eine beträchtliche Zeit erfodert wird: zuweilen mehr, zuweilen
weniger, welches auf dem Grade beruht, nach welchen sie um sich gegriffen
hat, und vielleicht auch auf anderen Um-
ständen: und daß die bestimmte Dauer,
die sie bey einigen Fällen scheinbar nachahmen, aus dem Einflusse der günstigen und ungünstigen kritischen Perioden, der sich auf die schon beschriebene Weise äußert, entspringe.

4) Daß die natürliche Neigung nebst der
Vereinigung zufälliger Ursachen, in den
Intervallen, ohne Mitwirkung des
fieberschaffenden Einflusses des Mondes,
hervorbringen könne: und daß, wenn
sich Fieber in den Intervallen anfangen
oder enden, die Wirkungen der ungünstigen kritischen Perioden in dergleichen Fällen sich nicht einmischen; also
nicht erwartet werden müssen.

5) Daß man, wenn die innerliche Ursache
des Fiebers sehr mächtig ist, und die

Zufälle äußerſt überhand nehmen, die
Wirkungen der günſtigen und ungünſtigen kritiſchen Perioden nicht wahr-
nehmen könne, obſchon ihr Einfluß in
ſolchen Fällen dennoch fortfährt ſich zu
äußern.

Alles zuſammengenommen, erſehen wir,
daß wir, durch Feſtſetzung der Exiſtenz
günſtiger und ungünſtiger kritiſcher Perioden, die Bekanntſchaft mit einem Grund-
ſatze erlanget haben, der zu Heilung und
Vorbeugung der Fieber dienlich iſt, und
uns auch lehrt, ihre verſchiedene Kriſis aus
feſten und genugthuenden Gründen vor-
auszuſagen und zu erklären. Demnach
iſt die Aufſuchung anderer nicht philoſo-
phiſch, und unſer vierter Satz muß nicht
eher wanken, bis er wiederlegt wird,
nicht blos von einem oder zwey Wider-
ſprechern, die ihre Aufmerkſamkeit auf
dieſe Sache nicht abſichtlich gerichtet, und
die nämlichen Erſcheinungen, auf welches
dieſes Syſtem gebaut iſt, ohne Bemerkung und ohne Sammlung vorüberge-

hen gelaſſen haben; ſondern von den ge-
ſammten Erfahrungen und Meynungen
vieler künftiger, genauer und verſtändiger
Beobachter.

E N D E.

Raſtatt, gedruckt in der Dornriſchen Hofbuchdr.

www.ingramcontent.com/pod-product-compliance
Lightning Source LLC
Chambersburg PA
CBHW021959190326
41519CB00010B/1333